Filston AMISI KAYUMBA
Adburahim MUNGOMBA SUMAILI

MÉTODOS GEOQUÍMICOS E GEOFÍSICOS PARA A PROSPECÇÃO DE: Au-Ag-Pt

Filston AMISI KAYUMBA
Adburahim MUNGOMBA SUMAILI

MÉTODOS GEOQUÍMICOS E GEOFÍSICOS PARA A PROSPECÇÃO DE: Au-Ag-Pt

ScienciaScripts

Imprint

Any brand names and product names mentioned in this book are subject to trademark, brand or patent protection and are trademarks or registered trademarks of their respective holders. The use of brand names, product names, common names, trade names, product descriptions etc. even without a particular marking in this work is in no way to be construed to mean that such names may be regarded as unrestricted in respect of trademark and brand protection legislation and could thus be used by anyone.

Cover image: www.ingimage.com

This book is a translation from the original published under ISBN 978-620-6-71672-3.

Publisher:
Sciencia Scripts
is a trademark of
Dodo Books Indian Ocean Ltd. and OmniScriptum S.R.L publishing group

120 High Road, East Finchley, London, N2 9ED, United Kingdom
Str. Armeneasca 28/1, office 1, Chisinau MD-2012, Republic of Moldova, Europe
Printed at: see last page
ISBN: 978-620-7-85888-0

MÉTODOS GEOQUÍMICOS E GEOFÍSICOS PARA A PROSPECÇÃO DE Au-Ag-Pt e U

Geólogo Filston AMISI KAYUMBA

I. INTRODUÇÃO

A prospeção é uma disciplina da geologia que se ocupa da procura de novos depósitos minerais (anomalias).

Exige, por conseguinte, a utilização de um certo número de métodos que, por vezes, os seus autores desconhecem e que conduzem a resultados medíocres após os esforços efectuados.

No entanto, no domínio das ciências da terra (geologia), existem atualmente métodos simples propostos por cientistas que podem ser postos à disposição das comunidades para ultrapassar estes obstáculos.

É o caso, por exemplo, dos métodos geoquímicos e geofísicos que podem ser desenvolvidos mais tarde no âmbito da nossa investigação.

Assim, neste estudo seremos chamados a responder à questão fundamental de saber quais os métodos geoquímicos e geofísicos que podem ser utilizados para a prospeção: Au-Ag-Pt-U, a fim de fornecer indicações sobre a composição mineralógica interna da terra.

Perante esta situação, colocámos a nós próprios as seguintes questões:

❖ Que métodos geoquímicos e geofísicos devem ser utilizados para a prospeção das substâncias minerais acima referidas?

❖ como é que estes métodos podem ser utilizados para descrever e realçar as anomalias subterrâneas?

❖ Como é que estes conhecimentos podem ser transmitidos à população-alvo?

Para nos ajudar nesta tarefa, estabelecemos os seguintes objectivos:

➤ Identificar métodos geoquímicos e geofísicos para explorar Au-Ag-Pt-U.

➤ Demonstrar os princípios, as aplicações e as técnicas de cada método para descobrir anomalias subterrâneas.

➤ Divulgar junto das comunidades, dos cientistas e dos investigadores mineiros especializados em ciências da terra os métodos de investigação de substâncias para a prospeção: Au-Ag-Pt-U, fornecendo as bases teóricas da geoquímica e da geofísica, bem como os princípios, as técnicas e as aplicações relativas a cada método utilizado.

Como resposta provisória a estas preocupações, consideramos que :

➤ Os métodos litológicos, os métodos geoquímicos do solo, os levantamentos geoquímicos de cursos de água e os métodos de minerais pesados são os métodos geoquímicos a utilizar na prospeção destes minérios, enquanto os métodos sísmicos, gravimétricos, eléctricos e magnetométricos são designados por métodos geofísicos;

➤ A descrição e a implementação de anomalias no subsolo são possíveis através da demonstração dos princípios, aplicações e técnicas de cada um dos métodos acima referidos;

➤ Estes conhecimentos serão transmitidos à população-alvo através de sessões que explicam as bases teóricas da geoquímica e da geofísica, bem como os princípios, aplicações e técnicas de cada método.

II. METODOLÓGICO

Para o efeito, utilizaremos métodos analíticos e descritivos. O primeiro foi útil para analisar a situação, a fim de compreender o que as comunidades estão a fazer no domínio da prospeção, que é a fase crucial da exploração das substâncias minerais, enquanto o segundo nos ajudará a descrever os métodos a utilizar para realizar uma prospeção puramente científica.

Estes dois métodos foram apoiados pela análise documental e por entrevistas como técnicas de recolha dos dados necessários para este projeto de investigação.

Através da análise documental, consultámos um certo número de obras relacionadas com o nosso tema de investigação e, através de entrevistas, pudemos partilhar com membros de certas comunidades interessadas na exploração mineira.

I. RESULTADOS

No final das prospecções realizadas no terreno, e tendo em conta os objectivos do nosso estudo, chegámos à conclusão de que os princípios e aplicações seguintes são muito úteis para realizar uma boa prospeção, permitindo assim descrever e aplicar as anomalias do subsolo:

a. **Métodos geoquímicos**
   - **MÉTODOS LITOLÓGICOS**

Princípio

Os métodos litológicos baseiam-se na identificação de auréolas de dispersão primárias de depósitos ou corpos de minério, bem como das suas auréolas secundárias e comboios de dispersão em : Au-Ag-U-Pt.

Aplicação e técnica

Um levantamento litogeoquímico é geralmente combinado com um levantamento cartográfico. A estrutura e os tipos de rocha do afloramento visitado são sistematicamente descritos. São recolhidas amostras geológicas litológicas homogéneas e representativas do afloramento visitado, geralmente a partir do afloramento, exceto quando este contém vários tipos de rochas, caso em que todas as rochas das amostras são amostradas. A amostra recolhida é geralmente do tamanho de um punho e certificamo-nos de que não apresenta qualquer alteração superficial.

As rochas sobre as quais são efectuados os estudos lito-geoquímicos podem ser alteradas na sequência de numerosos processos físicos e/ou químicos. Por conseguinte, a lito-geoquímica deixará de ser o método de eleição para a prospeção dos minerais resultantes desta alteração. Em vez disso, são utilizados métodos de prospeção geoquímica no solo.

➢ MÉTODOS DE LEVANTAMENTO GEOQUÍMICO DO SOLO

Princípio

O solo é a fina camada de terra que cobre continuamente a superfície da terra. O solo é o resultado de processos de meteorização ligados ao clima, às rochas e à vida. À medida que evolui, um solo torna-se mais espesso e diferencia-se em camadas sucessivas distintas e muitas vezes irregulares, designadas por horizontes. Quando a redistribuição dos elementos é significativa, um perfil de solo diferencia-se num horizonte eluvial (empobrecido) e num horizonte iluvial (enriquecido) em Au-Ag-Pt.

Em geoquímica de exploração, os métodos de prospeção geoquímica do solo para : Au-Ag-Pt e U. Os diferentes horizontes do solo são amostrados numa tentativa de detetar a presença de índices Au-Ag-Pt e U, uma vez que o comportamento dos metais depende disso. Os horizontes são escolhidos de acordo com o metal de interesse, ou seja, : Os metais Au-Ag-U-Pt em diferentes horizontes são mostrados abaixo:

- Horizonte H: o húmus deste horizonte pode concentrar certos elementos como o cobre, o níquel, o chumbo, o zinco, etc.
- Horizonte A: mesmo que seja lixiviado, é por vezes muito rico em ouro (Au) porque é geoquimicamente pouco móvel.
- Horizonte B: em que os metais móveis, como o chumbo e o arsénio, são libertados após um ligeiro ataque químico.
- Horizonte C: as anomalias neste horizonte, que é o material de origem do solo, são frequentemente de origem detrítica.

Aplicação e técnica

Prospeção geoquímica de : Métodos de prospeção geoquímica do solo Au-Ag-Pt-U, pequenas áreas de 1km² a 5km² são prospectadas. Uma área potencial é primeiramente circunscrita por outras técnicas geoquímicas, como a geoquímica de correntes, ou por métodos geofísicos. Os levantamentos geofísicos revelam frequentemente numerosas anomalias.

Idealmente, seria demasiado dispendioso efetuar perfurações sobre cada anomalia. A geoquímica é perfeita nestas circunstâncias; é mais barato recolher amostras de solo sobre cada anomalia geofísica do que perfurar sobre cada uma delas.

Quando não existe uma assinatura geofísica, a geoquímica do solo continua a ser utilizada nos dois casos seguintes:

1. Válvulas auríferas cujo teor de sulfuretos é demasiado baixo para ser detectado por métodos geofísicos.

2. Os depósitos estratiformes são assinaturas geofísicas.

Por fim, descrevemos o local - vegetação, topografia, assentamentos humanos, rochas, etc. - e registamos tudo o que possa ter uma influência, por mínima que seja, no conteúdo da amostra.

Quando tivermos encontrado os detalhes para pequenas áreas, o levantamento geoquímico do solo dará lugar a outro método geoquímico chamado **CREEK GEOCHIMICS.**

➢ MÉTODO DE GEOQUÍMICA DE CORRENTES

A geoquímica de cursos de água envolve a procura de Au-Ag-Pt-U na água do curso de água e nos sedimentos que transporta.

Princípio

Os sedimentos das correntes de materiais dispostos de acordo com os seus graus de mobilidade, tal como descrito na tabela de estabilidade relativa à alteração de certos minerais numa fonte: Andrews-Jones, 1968 e Perel Man, 1977, in Peter, 1987.

Os elementos susceptíveis de dar origem a anomalias em sedimentos de cursos de água assumem a forma de :

1) Os minerais primários, como o ouro, a cassiterite, etc., são minerais densos e sem forma que resistem à alteração e viajam com a fração grosseira dos sedimentos.

2) Os minerais de alteração são, na sua maioria, minerais fiáveis, e são rapidamente encontrados como grãos nos sedimentos. Eles tendem então a permanecer suspensos na água. Apenas alguns deles são incorporados na fração argilosa do sedimento.

3) Precipitados da água do rio. Podem ser oligoelementos ou outros, estes minerais revestem os grãos da fração detrítica dos sedimentos ou tendem a permanecer na água em suspensão e não em dissolução. A contribuição desta forma de elemento é geralmente pequena.

4) Absorção pelas argilas. Estabelece-se um equilíbrio entre o sedimento e a água. No local de amostragem, a concentração de um determinado elemento no sedimento, ou seja, : Au-Ag-Pt-U reflecte a da água.

5) Matéria orgânica que incorporou os sedimentos. Esta forma inclui os detritos vegetais que crescem perto do horizonte A mineralizado e a matéria orgânica responsável pelas anomalias, matéria orgânica formada pela atividade biológica no curso de água.

Aplicação e técnica

Os sectores com drenagem jovem e ativa são geralmente escolhidos onde os cursos de água transportam grandes quantidades de sedimentos, uma vez que nos sectores antigos e pouco erosivos, o conteúdo metalífero tende a homogeneizar-se e, por conseguinte, a formar um ruído de fundo que não permite detetar as anomalias. É portanto imperativo estabelecer o tipo de cobertura e, sobretudo, a densidade de amostragem necessária para atingir o objetivo Au-Ag-Pt-U. A densidade depende da rede de drenagem.

É recolhida uma amostra da parte ativa da corrente subaquática e, como só é analisada a fração fina e siliciosa, a amostra deve conter o maior número possível de partículas finas.

Em muitos casos, especialmente no caso do Au-Ag-Pt-U, em que a corrente é demasiado rápida, as quantidades de fracções finas são baixas, pelo que é aconselhável recolher amostras à volta de rochedos ou em buracos onde a água é mais calma. Uma quantidade de material de cerca de 100 g é suficiente para a análise e a amostra recolhida é colocada num saco de papel kraft numerado. As pequenas quantidades são geralmente colhidas em vários locais com alguns metros de distância.

Por fim, é importante anotar o local, observando :

- o Profundidade da água ;
- o A largura do curso de água ;
- o Velocidade atual ;
- o Granulometria dos sedimentos ;
- o A percentagem de matéria orgânica.

A geoquímica de sedimentos de cursos de água não é o único método para descobrir concentrações de Au-Ag-Pt-U em cursos de água.

➢ **MÉTODOS GEOQUÍMICOS DE PROSPECÇÃO DE MINERAIS PESADOS**

Princípio

O objetivo da geoquímica de minerais pesados é descobrir minerais de elevada densidade. Aplica-se aos minerais metálicos mais comuns, que são geralmente de densidade acima da média.

A tabela seguinte apresenta alguns minerais de acordo com as suas respectivas densidades: densidade relativa dos minerais.

MINERAL	DENSIDADE
Visitar	19,3
Ag	10,5

Fonte: Maurice e Mercier, 1985 citado em La prospection minière, pp160.

Aplicação e técnica

A amostragem de minerais pesados (Au-Ag) é efectuada manualmente com uma panela ou mecanicamente com uma draga. O local de amostragem é escolhido com base em dois critérios principais:

A distância de possíveis fontes de contaminação e a possibilidade de recuperar uma boa quantidade de Au-Ag para um determinado volume de sedimentos.

Num curso de água de caudal relativamente rápido, uma vez escolhido o local de amostragem, proceder da seguinte forma:

Pegamos num tambor e enchemo-lo até cerca de três quartos da sua capacidade, retirando o material grosseiro em casa ou utilizando uma peneira de malha, uma vez que quanto mais fino for o material, melhor se concentra. Em seguida, instalamo-nos num local com uma corrente moderadamente forte, suficiente para transportar o material rejeitado.

Empurra-se a panela para debaixo de água e quebra-se o aluvião passando a mão através da panela. O conteúdo da panela é então colocado em suspensão através de um movimento giratório vigoroso, ainda debaixo de água. O Au-Ag tende a afundar-se no fundo da panela e os minerais leves permanecem em suspensão. A panela é inclinada para evacuar os minerais leves, mas não se deve inclinar demasiado a panela por receio de que os minerais pesados escapem. Este processo continua até que apenas algumas gramas de minerais escuros permaneçam na panela. Os produtos das operações anteriores são colocados num saco de plástico e o processo é repetido até se obterem cerca de 40 g de material concentrado. Geralmente são necessários 4 a 5 concentrados para atingir este resultado. A amostragem manual tem a vantagem de ser económica e de exigir pouco equipamento, mas não é adequada para tratar grandes quantidades de aluviões. Para este efeito, também se pode recorrer à dragagem de corte.

A draga Sluice permite processar um grande volume de sedimentos de forma relativamente rápida por sucção profunda, o que também aumenta a possibilidade de recolher minerais pesados (Au-Ag). O resultado é uma amostra com uma elevada concentração de minerais pesados.

Para além de todos os métodos geoquímicos acima mencionados, a prospeção de Au-Ag-Pt-U requer também outros métodos para identificar a substância mineral apresentada.

b. Métodos geofísicos

➤ MÉTODOS SÍSMICOS

A prospeção sísmica é um método de prospeção utilizado em : Au-Ag-Pt-U, que permite visualizar as estruturas geológicas em profundidade através da análise dos ecos de ondas sísmicas.

Os abalos sísmicos estudados podem ter causas naturais (terramoto ou tremor de terra) ou artificiais (camião vibrador, explosivo, camião aéreo, etc.) e é por isso que temos os seguintes abalos sísmicos:

a) Ondas de volume

São aplicadas na teoria da elasticidade e da mecânica dos sólidos. Propagam-se no interior do globo segundo leis semelhantes às da ótica geométrica. As ondas volúmicas subdividem-se em :

➤ Ondas primárias (p): também designadas por ondas de compressão ou ondas longitudinais, propagam-se em todos os meios. O deslocamento do solo que acompanha a sua passagem ocorre por expansão e compressão sucessivas, paralelas à direção de propagação da onda.

➢ Ondas secundárias: também conhecidas como ondas de cisalhamento ou ondas atravessáveis. Quando atravessam, o solo move-se perpendicularmente à direção de propagação da onda. Estas ondas não se propagam em meios líquidos.

b) Ondas de superfície "S

São guias na superfície da terra. Os seus efeitos são semelhantes aos das ondulações formadas à superfície dos lagos. São mais lentas do que as ondas de volume, mas a sua capacidade é geralmente mais forte e concentram o máximo de energia.

Pode ser feita uma distinção entre :

➢ Onda de amor: propaga-se apenas em sólidos não homogéneos. A onda passante é polarizada no plano horizontal e resulta da interferência construtiva entre ondas horizontais.

➢ A onda de Rayleigh: propaga-se junto à superfície de meios homogéneos e não homogéneos. O deslocamento é complexo, bastante semelhante tanto na horizontal como na vertical.

➢ A onda p: que comprime e estica alternadamente as rochas. A componente vertical do sismógrafo é registada.

➢ A onda S: propaga-se por cisalhamento lateral das rochas, perpendicularmente às suas direcções de propagação. É bem registada nas componentes horizontais dos sismógrafos.

Em todos os casos, seguem as mesmas leis de propagação que as ondas de luz. As três principais técnicas de prospeção sísmica utilizadas neste trabalho são :

1) registo acústico

Utiliza a transmissão direta de ondas para medir a velocidade do som na rocha atravessada pela perfuração.

2) sísmica de reflexão

*** Princípio da sísmica de reflexão**

A sísmica de reflexão estuda a reflexão das ondas sísmicas nas interfaces entre várias camadas geológicas. Fornece uma imagem 2D ou 3D de superfícies tipicamente da ordem dos 1000 km² a profundidades inferiores a 10 km.

O levantamento sísmico divide-se em 3 fases principais:

- ❖ aquisição de dados sísmicos ;
- ❖ processamento de dados ;
- ❖ interpretação.

Os canhões de ar comprimido são utilizados no mar, os camiões vibradores ou a dinamite em terra para criar uma onda que se propagará no subsolo. A onda criada é um impulso (dinamite de canhão de ar comprimido) ou uma sinusoide cuja frequência varia num espetro definido ao longo de um período de tempo (camião vibrador utilizado sempre que o terreno o permite).

Um certo número de parâmetros caracteriza um levantamento sísmico na prospeção Au-Ag-Pt-U, sendo os principais :

- o A dimensão do perfil sísmico 2D ou 3D ;
- o Espaçamento entre fontes e sensores (tamanho da caixa) ;
- o Cobertura máxima (número de vezes que uma área do sublimite é limpa)

Os dados sísmicos são depois submetidos a um complexo tratamento informático.

3) *refração* **sísmica**

A sísmica de refração utiliza a propagação de ondas ao longo das interfaces entre os níveis geológicos. Este método é particularmente adequado para certas aplicações de engenharia civil e hidrologia. Pode ser utilizado para estimar a velocidade e o mergulho das camadas. Na prática, está atualmente limitado a alvos a profundidades inferiores a 300 m.

> **MÉTODO ELÉCTRICO**

O método elétrico baseia-se na medição superficial da intensidade e da diferença de potencial entre os diferentes eléctrodos da medição dissipativa. O rácio destes dois parâmetros é utilizado para calcular a resistividade do solo subjacente. Existe um grande número de dispositivos deste tipo, que se dividem nos dois grupos seguintes:

- Sondagens eléctricas: para a exploração vertical e..,
- Comboios eléctricos: para a exploração horizontal.

Estes métodos têm fontes de corrente e cabos, eléctrodos, mil volts,... são os dispositivos que utilizam. Depois de termos falado dos métodos de medição dos fenómenos físicos induzidos, passemos rapidamente a falar dos fenómenos físicos naturais.

> **MÉTODO GRAVIMÉTRICO**

O objetivo deste método é determinar, a partir da superfície do solo, as diferenças de densidade do subsolo, medindo as variações locais do campo de gravidade.

Princípio

Se imaginarmos a superfície da Terra como uma esfera perfeita e homogénea. A aceleração da gravidade "g" em cada ponto desta superfície seria constante e igual a 9,81 m/s². Mas como a Terra não é nem esférica nem homogénea, os valores reais de "g" medidos à superfície da Terra são variáveis e nunca correspondem, a não ser acidentalmente, a este valor teórico, pois são muitos os factores que o modificam. Estes factores incluem a latitude, a topografia e a densidade do terreno. Dado que as variações de "g" causadas pelas diferenças de densidade do solo fornecem informações sobre a constituição do subsolo, é importante isolá-las e, para isso, corrigir as medições de "g" efectuadas no terreno em função das variações produzidas por cada um dos outros factores (correção da altitude, correção da topografia, etc.).

Aparelhos de medição: existem quatro tipos de aparelhos de medição utilizados em gravimetria: balanças de torção, pêndulos, gravímetros e cordas vibratórias.

A prospeção magnetométrica utiliza variações no campo magnético da Terra causadas por diferenças na suscetibilidade magnética (a capacidade de um corpo se manter unido) das rochas para identificar formações subterrâneas. A magnetometria é de interesse para a prospeção de Au-Ag-Pt-U porque a presença de rochas com elevada suscetibilidade magnética na subsuperfície distorce as linhas de força do campo magnético, causando anomalias que podem ser desenhadas como curvas isonométricas em mapas. Esta distorção depende não só da suscetibilidade das próprias rochas, mas também da profundidade a que se encontram.

O instrumento utilizado na magnetometria é o magnetómetro, que era originalmente mecânico mas que, desde 1940, foi substituído pelo magnetómetro elétrico.

CONCLUSÃO GERAL

Ao longo deste trabalho, falámos especificamente dos métodos de prospeção mineral. Começámos por ilustrar os métodos de prospeção geoquímica de : Au-Ag-Pt-U, onde explicámos o que é a prospeção geoquímica, os seus princípios, aplicações e técnicas. A prospeção geoquímica é utilizada para identificar anomalias geoquímicas através da medição sistemática do teor de um ou mais oligoelementos em camadas, solos ou sedimentos de cursos de água, lagos e rios. A geoquímica utiliza vários métodos. No entanto, apresentámos apenas quatro dos mais comuns: o método litológico, que consiste numa descrição sistemática da estrutura e dos tipos de rochas que contêm oligoelementos. O método de prospeção geoquímica do solo, que consiste na amostragem e análise geoquímica de diferentes horizontes do solo para detetar sinais de mineralização. Descrevemos igualmente os métodos de prospeção geoquímica dos cursos de água e dos minerais pesados. Estes dois últimos métodos implicam a recolha de amostras de sedimentos de cursos de água, uma vez que a água dos rios transporta minerais e deposita-os de acordo com o seu grau de mobilidade. Estes dois métodos são semelhantes, com a única diferença de que na geoquímica de minerais pesados procuramos minerais com densidades elevadas.

Em segundo lugar, abordámos os métodos de prospeção geofísica, incluindo a gravimetria e a magnetometria para os fenómenos físicos naturais. A gravimetria tem por objetivo determinar, a partir da superfície do terreno, as diferentes densidades das camadas do subsolo, a fim de medir as variações locais do campo da gravidade, enquanto a magnetometria é utilizada para identificar as formações do subsolo e as variações do campo magnético terrestre causadas pelas diferenças de suscetibilidade magnética das rochas. Para os fenómenos induzidos, descrevemos os métodos sísmicos e eléctricos. Os métodos sísmicos consistem em induzir a atividade sísmica num ponto do terreno e medir o tempo necessário para que as ondas assim criadas percorram espessuras variáveis do solo e atinjam a superfície do terreno por reflexão ou refração. Os métodos eléctricos baseiam-se em medições superficiais da intensidade e da diferença de potencial.

Consideramos, pois, que atingimos os nossos objectivos, que consistiam em proporcionar aos investigadores geológicos e aos cientistas em geral uma compreensão básica dos métodos de prospeção geoquímica e geofísica e em dar resposta a um certo número de problemas relacionados. Reconhecemos, no entanto, que não resolvemos todos os problemas da prospeção geoquímica e geofísica, mas sugerimos a todos os que têm curiosidade científica que retomem o trabalho e alarguem os estudos num ou noutro aspeto.

BIBLIOGRAFIA

A. OBRAS :

- ✓ CHAISSIEER JB, MOREER ; Manouel du prospecteur minier,Edition du BRGM ?Paris ,1980.
- ✓ DIPLESSIS D, et all, prospections minieres, Module Editeur, Québec 1960.
- ✓ MELCHIOR A. et all "Exploração mineral utilizando geoquímica de solos na região de AKTEAGA, Michoacán, México".
- ✓ DICTIONNAIRE DE GEOLOGIE, Paris, Masson, 1984.
- ✓ ENCYCLOPEDIA UNIVERSALIS ? France SA, Encyclopedie Universalis.

B. DISCIPLINAS ESTUDADAS :

- Professor NZOLANGI. (2018) Notas de Geoquímica Geral.

- CT SYVIHOLIA C. (2018) notas em Geofísica Geral.

D .WEBOGRAFIA

1. www.aiea.com

2. www.Google. En

3. www. Onlym.coms

CONTRIBUIÇÃO PARA O ESTUDO PETROGRÁFICO E ESTRUTURAL DE NTAMBUKA/IDJWI (KIVU SUL, D.R.C.)

Filston AMISI KAYUMBA - MUNGOMBA SUMAILI Adburahim

RESUMO

Idjwi é uma das maiores ilhas dos lagos africanos. Esta faixa de terra situa-se no Lago Kivu, no ramo ocidental do sistema do Rift da África Oriental. O estudo petrográfico e estrutural desta parte ocidental do Rift da África Oriental permitiu determinar certas formações geológicas e orientar certas deformações frágeis (diaclase, junta) com base em parâmetros tectónicos como o tensor ortogonal de tensões principais (σ1, σ2 e σ3), rosetas de frequência e diagramas de dispersão de pólos planos. Estes parâmetros foram obtidos utilizando o software Win-tensor e dips a partir de dados de orientação plana para fracturas preenchidas e fracturas diversas medidas durante uma campanha de levantamento de campo.

Com base nesta abordagem, as formações geológicas desta zona são, respetivamente, do subgrupo Ruzizi, tais como: caulinos, calcários silicificados, piroclastos, xistos, micasquistos, granitos, pegmatitos e rochas dioríticas.

A deformação contínua é rara, e os poucos planos de xistosidade correm NE-SW. As diaclases dão origem a uma única rede estrutural que varia de 140° a 160° com uma direção preferencial de N335°E/48°ENE, que são derivadas da compressão com σ1: N106°E/0°WNW, σ2: N15°E/79°SSW e σ3: N196°E/11°NNE. Para as veias, a direção preferida é N190°E/55°WNW. Originária de uma distensão da qual $\sigma1$: N166°E/68°NNW, $\sigma2$: N352°E/22°SSE e $\sigma3$: N261°E/2°ENE.

Palavras chave: Kivu, Idjwi, Rift, tectónica, deformação e Ruzizian.

RESUMO

Idjwi é uma das maiores ilhas dos lagos africanos. Esta área de terra encontra-se no lago Kivu, no ramo ocidental do sistema de fendas da África Oriental. O estudo petrográfico e tectónico desta parte ocidental do rift da África Oriental permitiu determinar várias formações geológicas e orientar algumas deformações frágeis (diaclases, juntas) com base nos parâmetros tectónicos, tais como o tensor das tensões principais ortogonais ($\sigma 1$, $\sigma 2$ e $\sigma 3$), as rosetas das frequências, bem como os diagramas de dispersão dos pólos dos planos.

Estes parâmetros foram obtidos utilizando o software Win-Tensor e os mergulhos a partir dos dados de orientação dos planos das rupturas completas e das várias fracturas medidas durante uma campanha de sondagem.

Com base nesta abordagem, as formações geológicas desta zona são, respetivamente, do subgrupo Ruzizi, tais como: caulinos, calcários silicificados, piroclastos, xistos, micasquistos, granitos, pegmatitos, rochas dioríticas.

As deformações contínuas são raras; os planos de assentamento são orientados em torno de NE-SW. As diaclases dão uma única rede estrutural que vai de 140 ° a 160 ° com direção principal de N335 ° E / 48 ° ENE que são resultantes de uma compressão com $\sigma 1$: N106 ° E / 0 ° WNW, $\sigma 2$: N15 ° E / 79 ° SSW e $\sigma 3$: N196 ° E / 11 ° NNE. Para as veias, a direção preferida é N190 ° E / 55 ° WNW. De uma distensão da qual $\sigma 1$: N166 ° E / 68 ° NNW, $\sigma 2$: N352 ° E / 22 ° SSE e $\sigma 3$: N261 ° E / 2 ° ENE.

Palavras-chave: Kivu, Idjwi, Rift, tectónica, deformação e Ruzizian.

I. INTODUÇÃO

O subsolo da RDC é um dos mais ricos do mundo em termos de geologia e mineralização.

A RDC possui jazidas com cerca de cinquenta minerais, mas apenas uma dúzia deles é explorada: cobre, cádmio, diamantes, ouro, estanho, tungsténio, manganês e alguns metais raros, como o coltan (Ta). (www.ambardcprague.com).

Para isso, os estudos realizados no passado devem ser sempre actualizados por vários projectos de investigação, incluindo dissertações, trabalhos de pós-graduação, várias publicações científicas, trabalhos de exploração mineira, etc.

É com este objetivo que, neste trabalho, damos uma contribuição moderada para o conhecimento geológico do nosso país, mais particularmente para o estudo petrográfico e estrutural das formações do chefe NTAMBUKA, na parte sul do território Idjwi, no Kivu Sul.

Dando uma visão geral da geologia de Kivu e Maniema, a tectónica controla a estrutura de uma forma particular nestas duas regiões.

Os períodos recentes foram marcados pela extensão, que se reflecte na subsidência ao longo do sulco, cujo fundo é ocupado por grandes lagos.

A subsidência do fundo do graben foi acompanhada pela elevação das suas margens, expondo-as a uma erosão intensa que rejuvenesceu o relevo, limpando assim o terreno proterozóico mais antigo da África Central. O início do quarto milénio, no leste da República Democrática do Congo, foi caracterizado por uma nova fase distensiva que rejuvenesceu as falhas pré-existentes.

Estas fracturas à escala continental rejuvenesceram as redes hidrográficas na zona do graben.

O Kivu é rico em recursos minerais, a maior parte dos quais são proterozóicos: Fe, Sn, W, Nb, berílio, REE, zinco, ouro, prata, platina, diamantes, esmeraldas, turmalinas, ametistas, energia geotérmica, calcário e travertino, caulino, gás metano e petróleo (Cenozoico e Quaternário). (Afazili Simba P., 2012).

Considerando o património geológico do Kivu em geral e, provavelmente, do Idjwi-Sud em particular, todo ele foi atingido por eras tectónicas bastante importantes que afectaram o Kibaran.

Dada a diversidade da litologia de Idjwi-nord, esta é geralmente constituída por rochas metamórficas do Pré-Cambriano, rochas plutónicas (pegmatitos, granitos, dioritos) e filões de quartzo, xistos, etc. Estas formações são alteradas pela meteorização, conduzindo por diagénese a rochas e sedimentos do Neogénico.

A tectónica recente em todo o continente não poupou as formações geológicas da zona, como se pode ver pelas fricções diaclásticas parcialmente alteradas.

A parte norte do território de Idjwi é dominada por granitos que penetram completamente no terreno pré-cambriano, pertencendo os mais antigos ao sistema Ruzizi (KAVYAVU W., 2016).

Tendo em conta a riqueza do Kivu e a geologia da parte norte da ilha, há uma grande necessidade de aprofundar a investigação sobre a petrografia e a estrutura da parte sul deste território.

Este trabalho permite, sobretudo, consolidar as apreensões geológicas da chefia NTAMBUKA, na parte sul do território Idjwi, com base num estudo fundamentado da sua petrografia e estrutura, constituindo também um guia de prospeção especial, caso esta região venha a despertar mais tarde a curiosidade, tendo em conta os indícios existentes que, uma vez corroborados como jazida, poderão contribuir para o bem da nação congolesa.

No âmbito do nosso estudo, propusemo-nos responder às seguintes questões:

- ✓ Que tipos de rochas se encontram em Ntambuka?
- ✓ Qual é a sua sucessão litoestratigráfica?
- ✓ Que deformações (e estruturas) seriam encontradas neste ambiente?

Para melhor conduzir o nosso estudo, propusemo-nos os seguintes objectivos:

- ✓ Levantamento pormenorizado das formações geológicas de Ntambuka;
- ✓ Registar informações estruturais ;
- ✓ Fazer um esboço geológico da zona.

Por conseguinte, formulámos as seguintes respostas provisórias às perguntas que nos colocámos:

❖ A parte sul da ilha é constituída pelos mesmos tipos de rocha que se encontram na parte norte (Bweshu e Kishumbu).

❖ A sucessão litoestratigráfica passa dos micaxistos ao granito através de micaxistos inferiores ou superiores nos quais se desenvolveram veios pegmatíticos e quartzitos, que caracterizam as formações de Kibaran.

❖ Também é possível encontrar aqui verdadeiras deformações, uma vez que a tectónica afectou fortemente o Kibaran, provocando fracturas, dobras, falhas (ou microfalhas)...

II. METODOLOGIA

Para atingir e satisfazer os objectivos acima referidos, utilizámos simplesmente métodos descritivos, analíticos e interpretativos.

Para melhor realizarmos o nosso trabalho de campo, necessitámos de uma série de equipamentos: caderno de campo e lápis, bússola, clinómetro, máquina fotográfica digital, GPS, martelo, saco de amostras, mochila, lupa, kit médico, etc.

- Recolha e seleção de dados no terreno

As prospecções geológicas consistiram na localização de afloramentos, na sua procura e na recolha de informações. Para isso, os percursos foram feitos a pé e as amostras foram seleccionadas em função dos tipos de rocha e das diferentes famílias petrográficas. Em cada afloramento foram feitas observações macroscópicas (estrutura e espessura das camadas, grau de alteração, cor, veios, fracturas, juntas, diáclases, minerais, etc.); as observações macroscópicas das amostras permitiram compreender a estrutura da rocha, a cor, os tipos de minerais, o nome provisório da rocha).

- Análise laboratorial das amostras e tratamento dos dados

A observação microscópica das amostras (análise petrográfica de secções finas) permitiu a designação exacta das amostras.

Os dados geográficos e estruturais foram processados em computador (utilizando o Excel e o Word 2010 e software como o QGIS, Wintensor, Dips e Surfer).

III. DISCUSSÃO

3.1. ASPECTO PETROGRÁFICO

A nossa área de estudo situa-se no território de Idjwi, no distrito de Ntambuka, na parte sul da ilha.

Do ponto de vista petrográfico, podemos observar várias formações, a maior parte das quais estão cobertas devido ao facto de o solo ter sofrido uma evolução considerável. Este facto explica que os afloramentos sejam mais raros e que a vegetação ocupe a maior parte da região.

No entanto, alguns afloramentos são visíveis não só devido às várias erosões observadas, mas também graças ao fluxo dos rios ao longo deste sector. Diz-se que a zona está repleta de formações vulcânicas antigas ligadas à evolução do Rift da África Oriental, dada a presença de lava em Kivu (presença de vulcões). Encontram-se também plutonitos, daí a presença de granitóides nesta região, que sofreram metamorfismo, razão pela qual se encontram aqui gnaisses, mármores e xistos...

Como demonstrado por trabalhos anteriores (Benoît Smets, Damien et Al, 2016) e pelo trabalho de (Gloire Bamulezi et Al, 2017), estes mostraram no seu estudo que o território Idjwi é constituído por formações da cadeia Ruziziana (Paleoproterozóica) de norte a sul, intersectadas pela cadeia Kibariana (Mesoproterozóica) no centro da ilha e por rochas vulcânicas na parte sudoeste da ilha.

No que diz respeito à nossa contribuição para o estudo petrográfico de Ntambuka, uma vez que hipoteticamente avançámos com o argumento de que a parte sul da ilha é constituída pelos mesmos tipos de rochas que se encontram no norte, precisamos de confirmar que se trata dos mesmos tipos de rochas do ponto de vista genético (sedimentares, metamórficas e magmáticas).

Mas em pormenor, referindo-nos aos dados macroscópicos e microscópicos, encontramos rochas sedimentares em pequena parte na região sobretudo na orla do lago Kivu, areias resultantes da alteração de granitóides, caulinos, calcários silicificados confundidos macroscopicamente com mármores; rochas vulcânicas em abundância, piroclastos; rochas metamórficas tais como : xistos, micasquistos; plutonitos como: granitos, pegmatitos, dioritos quartzíticos e rochas intermédias como: dioritos microgranulares, microdioritos quartzíticos, doleritos.

3.2. ASPECTO CARTOGRÁFICO

Um mapa geológico é uma representação das rochas e das estruturas geológicas presentes no afloramento ou na subsuperfície de uma região.

O seu objetivo é mostrar a distribuição espacial das fácies litológicas, a sua sucessão e as várias estruturas tectónicas. Estes mapas ignoram geralmente as formações superficiais recentes, concentrando-se na rocha subjacente.

Após as descrições macroscópicas e o traçado das diferentes estações sobre uma base topográfica, foi possível obter um mapa litológico.

Em comparação com os resultados de trabalhos de cartografia anteriores efectuados em Bweshu e Kishumbu, na parte norte da ilha, por (KAVYAVU W., 2016), que utilizou uma escala de 1:20.000, isto permitiu-lhe cartografar unidades litológicas como Granitos e Pegmatitos, que afloram predominantemente, xistos, conglomerados, arenitos, areias e Ortognaisses.

Com base no seu mapeamento, podemos ver que a parte norte é dominada por plutonitos ácidos e rochas detríticas podem ser vistas na borda do lago.

Mas com a nossa escala de 1:100.000 utilizada na cartografia, conseguimos perceber que as rochas vulcânicas são predominantes na parte sudoeste da região, com a presença de piroclastos e nesta parte da ilha existem cúpulas de antigas crateras vulcânicas e caldeiras; isto sugere que a ilha de Idjwi é parcialmente uma ilha vulcânica.

As rochas plutónicas, especialmente as ácidas, encontram-se a norte da nossa área de estudo, o que explica a continuidade destas formações encontradas pelos nossos antecessores na parte norte da área.

Se olharmos para o mapa litológico da região, podemos ver uma sucessão quase repetitiva de granito-xisto-pegmatite; mas dada a escala utilizada, que é demasiado grande, este facto é pouco percetível, quando seria muito visível numa escala de pelo menos 1/5000.

A noroeste da nossa zona de estudo, na margem do lago, encontramos conglomerados que não afloram consideravelmente, pelo que não figuram no mapa dada a escala utilizada.

As rochas metamórficas encontradas na região são maioritariamente gnaisses, xistos e mármores, o que mostra que a granitização também tem um papel influente nas formações aí encontradas. O que justifica as características Ruzizianas e Kibaranas.

3.3. ASPECTO ESTRUTURAL

Em comparação com estudos anteriores realizados por Gloire Bamulezi et al em 2017 sobre "Análise sismotectónica de algumas falhas potencialmente activas na parte ocidental da fenda do Kivu na República Democrática do Congo (RDC)"; no contexto regional da bacia setentrional do Lago Kivu e da parte ocidental da província vulcânica de Virunga. Através de medições estruturais das orientações dos marcadores tectónicos (falhas com estrias associadas, juntas de tensão, fracturas diversas, etc.), o tensor de tensões obtido mostra uma extensão horizontal orientada WNW-ESE.

Esta orientação é semelhante à dada por STAMPS et al (2008), DELVAUX & BARTH (2010) e FERNANDEZ et al (2013) para o rift do Kivu como um todo. Foi identificada e caracterizada uma zona de falha de limite principal (NNE-SSW) cujos marcadores tectónicos (planos de falha estriados, juntas de tensão, várias fracturas, brechas de falha misturadas com argilas) foram descritos em Muranga e Bweremana a norte do Lago Kivu.

Pensa-se que uma série de terramotos ligeiros a moderados registados em janeiro de 2002 está associada à reativação desta falha limite. Estes sismos vulcano-tectónicos foram gerados pelo relaxamento das tensões tectónicas extensionais após a intensa atividade vulcânica do vulcão Nyiragongo em 17 de janeiro de 2002. Quanto aos sismos registados em 24 de outubro de 2002, os seus parâmetros sismotectónicos estão integrados na parte norte da bacia do lago Kivu.

A zona sul inclui a parte sul da bacia do Lago Kivu, a bacia superior do Ruzizi e o extremo norte do Lago Tanganica. O tensor de tensão mostra uma extensão horizontal orientada quase E-W.

Trata-se das falhas descritas em Funu e Karhale (microrift de Bukavu) e em Kavimvira e Kalundu (rift do Tanganica Norte). As falhas do "microrift" de Bukavu sobrepõem-se, criando uma espécie de rampa de retransmissão no interior da qual se observam deformações superficiais e deslizamentos de terra que afectam as infra-estruturas (deterioração de estradas, esgotos e caleiras, fissuração de casas, etc.). (Gloire Bamulezi et al, 2017).

Ainda no quadro regional, com referência aos estudos efectuados por SHUNGU L. Guy em 2018 sobre o Estudo estrutural das formações do lago Tanganica ocidental (caso de Kavimvira, RD Congo)

O estudo microestrutural permitiu destacar estruturas planares, como xistosidades e foliações, e estruturas descontínuas, como juntas, diáclases, veios e destacamentos. As estruturas contínuas foram observadas principalmente à escala regional.

Concluiu que os planos de xistosidade têm uma direção preferencial NNW-SSE e as foliações têm uma direção preferencial NNW-SSE; as diáclases têm uma direção preferencial ENE-WSW enquanto as juntas têm uma direção preferencial NNE-SSW; e os filões têm uma direção preferencial NW-SE.

A análise estrutural das fracturas conjugadas encontradas na sua área de estudo mostra que estas fracturas são derivadas ligeiramente da extensão e em grande parte da compressão resultante de tensões $\sigma 1$, $\sigma 2$ e $\sigma 3$ cujos valores são $\sigma 1$: N14°E/6°NNE, $\sigma 2$: N99°E/41WNW e $\sigma 3$: N112°E/49°ESE.

Com base nos trabalhos realizados por KAVYAVU W. em 2016 sobre a caraterização da deformação das formações geológicas bweshu e kishumbu de Idjwi (Kibaran) no Kivu Sul, RD Congo, concluiu que

A abordagem estrutural de Idjwi na sua parte norte indica que o plano de xistosidade é raro e está orientado em torno de N45°E com um mergulho SE, a deformação flexível está ausente.

Após o processamento dos dados, encontrou três redes estruturais em Bweshu, a primeira rede vai de 30° a 80°, a segunda de 80° a 160° e a última de 160° a 180°. A direção preferencial é N109° E/83°.

Em Kishumbu, por outro lado, o processamento dos dados estruturais revela duas grandes redes estruturais, a primeira variando de 70° a 120°, a segunda de 140° a 200°, com uma direção preferencial de N147°/79° SW.

Para a nossa contribuição para o estudo estrutural de Ntambuka, na parte sul da ilha, entendemos que as deformações contínuas são quase impossíveis de encontrar, com os planos xistosos orientados em torno de NE-SW.

O tratamento dos dados estruturais das diaclases dá origem a uma única rede estrutural que vai de 140° a 160°, sendo a direção preferencial N335°E/48°ENE. A análise estrutural das fracturas conjugadas encontradas na nossa área de estudo mostra que estas fracturas resultam ligeiramente da extensão e em grande parte da compressão resultante de tensões σ1, σ2 e σ3 cujos valores são, σ1: N106°E/0°WNW, σ2: N15°E/79°SSW e σ3: N196°E/11°NNE.

Quanto às rupturas preenchidas, o tratamento dos dados levou-nos a obter uma direção preferencial de N190°E/55°WNW. Em seguida, o tensor de tensões dá-nos uma zona de distensão com σ1: N166°E/68°NNW, σ2: N352°E/22°SSE e σ3: N261°E/2°ENE.

CONCLUSÃO E PERSPECTIVAS

As nossas investigações mostraram que as formações geológicas do distrito de Ntambuka são típicas do Paleoproterozóico congolês, conhecido como o subgrupo Ruzizi, e são mais ou menos comparáveis às da parte norte da ilha, embora se diferenciem pelo facto de as rochas vulcânicas ocuparem cerca de 40% da região sudoeste.

As unidades litológicas, granitos e pegmatitos que cortam os xistos, são visíveis na parte norte do território, mas dada a escala utilizada na cartografia, são pouco perceptíveis. Para noroeste, na margem da albufeira, encontramos conglomerados pouco aflorantes. Os calcários estão também presentes, com algum metamorfismo, e as rochas intermédias, como os doleritos, são também abundantes, juntamente com as rochas dioríticas.

Após o tratamento dos dados com o software WIN TENSOR, observou-se que a deformação contínua é rara, com os planos das xistosidades orientados em torno de NE-SW. As fracturas abertas têm duas orientações preferenciais NW-SE e NNW-SSE. Os filões têm uma orientação preferencial NNE-SSW.

A análise estrutural das fracturas conjugadas mostrou que as rupturas são o resultado da compressão resultante das tensões $\sigma 1$, $\sigma 2$ e $\sigma 3$ cujos valores são, $\sigma 1$: N106°E/0°WNW, $\sigma 2$: N15°E/79°SSW e $\sigma 3$: N196°E/11°NNE. Em seguida, a das veias mostrou distensão com $\sigma 1$: N166°E/68°NNW, $\sigma 2$: N352°E/22°SSE e $\sigma 3$: N261°E/2°ENE.

Os dados sismotectónicos e microestruturais serão objeto de trabalhos futuros para compreender o contexto de compressão no centro de uma fenda, o que parece ser uma anomalia.

REFERÊNCIAS

1. AFAZILI SIMBA. L. PASCAL, 2012. Genèse, Structure et Minéralogie des Gisements Stanno-Wolframifères de la Ceinture Mobile de l'Est de la République Démocratique du Congo ; Faculté de Sciences ; Université de Lubumbashi.

2. BENOIT SMETS, DAMIEN DELVAUX et al, 2016. O papel das estruturas crustais herdadas e do magmatismo no desenvolvimento de segmentos de rifte: percepções da bacia de Kivu, ramo ocidental do Rift da África Oriental. Tectonofísica 683 (2016).62.76; 15p

3. FOUCAULT. A, RAOULT.J-E, 2000. Dictionnaire de Géologie Paris, Masson édit, 5ª edição.

4. GLOIRE BAMULEZI, DAMIEN DELVAUX, et Al, 2017. Análise sismotectónica de algumas falhas potencialmente activas na parte ocidental do rift de Kivu na República Democrática do Congo (RDC). In Geo-Eco-Trop, 2017, 41, 2, n.s.169-186

5. ILUNGA LUTUMBA, 1991. Morfologia, Vulcanismo e Sedimentação no Rift do Kivu Sul. In Bull. Serv. Geol. Liège, 27: 209-228.

6. KAVUKE, MAHINDA et al, 2012. À propos des Mouvements Tectoniques de l'île d'Idjwi dans le lac Kivu tel que révélé par les anomalies magmatiques de 1900 à 2010. 17p. In Observatoire Volcanologique de Goma, Département de Déformation GECOTEC/Bukavu Cahiers du CERUKI, Nouvelle Série, 42, pp. 26-42

7. SABEDORIA KAVYAVU KAMBALE, 2016. Caracterização da deformação das formações geológicas Bweshu e Kishumbu de Idjwi (Kibarian) Kivu do Sul, RD Congo. 14p. In Conservation et Société, Vol. 1, N° 009 Sciences et sciences appliquées Mars 2016

8. POUCLET, A., 1975. História do Grande Lago da África Central. Mise au point des connaissances actuelles. In Rév-Géogr.Phys-Géol.dyn, 2, 17, 5: 475-482.

9. SHUNGU GUY L., 2018. Estudo estrutural das formações ocidentais do Lago Tanganica (caso de Kavimvira, RD Congo). No Jornal Internacional de Inovação e Estudos Aplicados; ISSN 2028-9324 Vol. 24 No. 1 Aug. 2018, pp. 299-310 - 2018 Espaço Inovador de Revistas de Pesquisa Científica

10. www.ambardcprague.com

11. www.m.wikipedia.org

Índice